欢乐复活节

创意花艺

［比利时］《创意花艺》编辑部 编
译林苑（北京）科技有限公司 译

FLEUR CRÉATIF @home 创意花艺
——欢乐复活节

《创意花艺——欢乐复活节》设计师团队

安尼克·梅尔藤斯
(Annick Mertens)
annick.mertens100@hotmail.com

夏洛特·巴塞洛姆
(Charlotte Bartholomé)
charlottebartholome@hotmail.com

汤姆·德·豪威尔
Tom DE HOUWER
ambrosia@telenet.be

格尔特·范·戈特姆
Geert VAN GOETHEM
info@atelierarteverde.be

丽塔·范·甘斯贝克
Rita Van Gansbeke
rita.vangansbeke@telenet.be

图书在版编目（CIP）数据

创意花艺. 欢乐复活节 / 比利时《创意花艺》编辑部编；译林苑（北京）科技有限公司译.—北京：中国林业出版社，2019.9

ISBN 978-7-5219-0282-2

Ⅰ.①创… Ⅱ.①比… ②译… Ⅲ.①花卉装饰—装饰美术 Ⅳ.①J535.12

中国版本图书馆CIP数据核字（2019）第218161号

责任编辑：印 芳 王 全

出版发行：中国林业出版社（100009 北京市西城区德内大街刘海胡同7号）
印　　刷：北京雅昌艺术印刷有限公司
版　　次：2019年11月第1版
印　　次：2019年11月第1次印刷
开　　本：210mm×278mm
印　　张：8
印　　数：4000册
字　　数：150千字
定　　价：58.00元

花艺目客公众号　　自然书馆微店

总策划 *Event planner*
比利时《创意花艺》编辑部
中国林业出版社

总编辑 *Editor-in-Chief*
An Theunynck

文字编辑/植物资料编辑 *Text Editor*
Kurt Sybens / Koen Es

美工设计 *Graphic Design*
peter@psg.be-Peter De Jegher

中文排版 *Chinese Version Typesetting*
时代澄宇

摄影 *Photography*
Kurt Dekeyzer, Kris Dimitriadis
比利时哈瑟尔特美工摄影室

行业订阅代理机构 *Industry Subscription Agent*
昆明通美花卉有限公司，alyssa@donewellflor.cn
0871-7498928

联系我们 *Contact Us*
huayimuke@163.com
010-83143632

欢迎走进
朝气蓬勃的春天

欢迎走进2019年春夏居家专辑——《欢乐的复活节》。我们主要通过为黄色、橙色、粉色、翠绿色……还有潘通2019年的珊瑚色来表现生机盎然的春天。鲜艳的颜色跃然纸上，带给人积极蓬勃的力量。我们再次聚焦自然和环保，使用时令性材料创造属于自己的作品是现下流行趋势。

夏天的颜色是蓝色、紫色、红色和粉色。它们是可以辐射能量、反射阳光或是带给我们清凉的亮色。我们经常可以在大自然中遇见这些颜色，尤其是夏天。它们促使我们进行一些革新性且令人振奋的创作。

关于怎样使环境变得更美、更多彩以及更舒适，我们的花艺师展示了一些小窍门，其作品具有简单、快速易学的特点。当然，有一些花艺作品对于花艺爱好者来说会有一些挑战！

享受这个光芒四射、充满花香且多姿多彩的春季吧！

安东尼克
An Theunynck

关于复活节的彩蛋与兔子

在西方国家，复活节是每年春分月圆后的第一个星期日，这也是纪念耶稣复活的日子，是全世界基督徒的日历上最神圣的节日之一。即便不是基督徒，庆祝复活节也成了民间的传统风俗。兔子和彩蛋是最为人熟知的复活节标志，蛋象征初春一切恢复生机，兔子则象征繁殖和生命力。

复活节彩蛋，是传递美好、祝愿和友谊的象征。传统的彩蛋是将鸡蛋染成红色，代表耶稣受难时流的血，不过现在人们则用各种颜色和雕刻来装饰鸡蛋，蛋形的各种艺术品、巧克力蛋成为人们互赠礼物的首选。

复活节兔子源自于西欧的文化，由于兔子的繁殖能力很强，在一年里可以产下好几窝小兔子，所以兔子象征着富饶多产，同样也被视为新生命的创造者。

目录 Contents

春季 Spring

安尼克·梅尔藤斯
Annick Mertens

欢迎走进春天	5
欢乐的复活节	6
巨大的复活节彩蛋	9
蛋壳花环	10
和复活节兔相依相伴	12
小生命出壳了	13
舒适的花床	14
躺在草地上	17

汤姆·德·豪威尔
Tom De Houwer

毛茛静物画	21
郁金香港湾	23
木兰枝上的鲜花蛋	24
竹签搁架	26
崭露头角的春天	29
行走的小树枝	30
橙色主秀场	32

格尔特·范·戈特姆
Geert van Goethem

蕨菜篮	37
春季万花筒	39
香蒲毯	40
六人成行	42
非洲菊的荚蒾围脖	44
清新毕德迈雅风	45
花球瓶插	47
复活节树	48
小枝巢	50
桑纤维花器装饰	51
大蒜和万带兰之缘聚	52

夏洛特·巴塞洛姆
Charlotte Bartholomé

春日花环	55
快乐的复活节桌花	56
花公主	58
花饰帐篷	59
复活节彩蛋	60
巢	61
柠檬黄	62
花和篮	64
春天的洋葱	67
别致的钱包	68
弯曲的草环架构	69

夏季
Summer

丽塔·范·甘斯贝克
Rita Van Gansbeke

纽扣遇上罂粟荚	73
香蒲巢花环	75
七彩阳光灯笼	76
给花瓶套件针织衫	79
日本和太鼓	80
螺纹纸袋	82
墙饰艺术	84
简单是一种美德	85
阳光洒在桌子上	87
夏逢春	88

安尼克·梅尔藤斯
Annick Mertens

薰衣草的夏天	90
节节草筒	92
蓝塔	93
光芒四射的花束	94
薰衣草袋	95
紫花金字塔	96
立方体画作	99

汤姆·德·豪威尔
Tom De Houwer

异国情调的夏天	103
海胆	104
花与海胆	105
干草堆开花了	107
暑期花木板	108
空中丝瓜花瓶	109
华丽的书挡	111
鲜白	112

夏洛特·巴塞洛姆
Charlotte Bartholomé

露营	115
夏季生日派对	116
派对秋千	119
阳光花盘	120
阳光花环	121
粗麻布花瓶	122
花屏	123

Annick Mertens
安尼克·梅尔藤斯

Welcome to Spring
欢迎走进春天

page 18

安尼克
梅尔藤斯

Happy Easter
欢乐的复活节

LEVEL 2

花毛茛、蓝葡萄风信子、铁线莲、
蓝盆花、菊花、水仙、星芹

Ranunculus, buttercup
Muscari, blue grape hyacinth
Clematis
Scabiosa
Chrysanthemum
Narcissus
Astrantia

空饼干盒 (Vitabis)、黄色硬藤条、
迷你型花泥、防水胶带

1. 为了使表面更粘合，用防水双面胶带粘满盒子。
2. 在上面粘上黄色的藤条。
3. 将花泥放入盒中。
4. 将春季的鲜花插入花泥中。

安尼克
梅尔藤斯

Giant Easter egg
巨大的复活节彩蛋

LEVEL 4

芒草绒毛、花毛茛、黄色满天星

Miscanthus, fluff
Ranunculus, buttercup
Gypsophila, yellow

带小底座的烛台、短铁丝、复活节彩蛋泡沫花泥、防水胶带、壁纸、胶带、钎子、20cm 花泥环
混合物：玉米淀粉、石膏、剃须膏、木胶、水

小贴士：制作复活节彩蛋，建议你使用棕色的肉汁淀粉。

1. 从复活节彩蛋泡沫花泥的顶部 5cm 处切下。
2. 用短铁丝和防水胶带将复活节彩蛋的下部绑在烛台上。
3. 用壁纸胶带包裹烛台（与胶水颜色相同）。
4. 混合玉米淀粉、石膏、剃须膏、木胶和水，涂在花泥外层。注意：快速干燥，所以每次须少量使用。
5. 接下来附上一些芒草绒毛（或蛋壳、簇绒、种子）。
6. 把鲜花插在花泥环上。
7. 用长竹签将复活节彩蛋帽固定在花环上。
8. 将花环和帽子固定在在复活节彩蛋下半部上面。

安尼克
梅尔藤斯

Egg garland
蛋壳花环

白色的非洲菊、满天星
Gerbera, white
Gypsophila

立方体形金属框架、白丝带、各种各样的蛋壳、盆栽土壤

1. 在框架上系上一条白色的缎带，粘上不同类型蛋壳。
2. 将框架放入带有盆栽土的玻璃盘中。
3. 将白色非洲菊和白色满天星分别插入花器中，并将其放在盆栽土中。两者会形成鲜明的对比。

LEVEL 3

With the Easter bunny
和复活节兔相依相伴

page 18

Just hatched
小生命出壳了

安尼克
梅尔藤斯

page 18

Cosy flower bed

舒适的花床

page 19

安尼克
梅尔藤斯

Cradled in grass
躺在草地上

安尼克
梅尔藤斯

露兜树叶、蓝盆花、花毛茛、
白色葡萄风信子

Pandanus, leaf
Scabiosa, seedpod
Ranunculus, white
Muscari, white grape hyacinth

椭圆形花泥和硬纸板组合制作成花器。
可以用玉米淀粉、石灰泥、刮胡膏、树
胶、水等原料来辅以制作。

1. 用花泥或纸板做椭圆形花束架构。
2. 将架构用各种花材遮盖，加入蓝盆花种荚，用露兜树叶子修边。
3. 用白色花毛茛和葡萄风信子做一个迷你花束，插在开口处。

LEVEL 4

葡萄风信子、白露兜树叶

Muscari plant,
white Pandanus leaf

盘状干花泥、牙签、胶带、复活节彩蛋

1. 把花泥切成 L 形的盒子形状。
2. 根据设计，用牙签将材料插在花盒中。然后在盒子外粘上双面胶带。
3. 把加工成条状的露兜树叶粘在盒子外围。
4. 最后填充纤巧的葡萄风信子。

LEVEL 3

贝母、白香蒲叶、冰岛苔藓

Fritillaria plant, white
Typha, leaf (cattail)
Cetraria, Iceland moss

复活节彩蛋花泥、绿色染料、缝衣针、
两种绿色毛毡

1. 把花泥削成鸡蛋形状。
2. 做花器：沿着花泥最宽的一端切下 1/3，得到两个椭圆型花泥。底部都削平，使其能平稳站立。
3. 把从底部切掉的花泥加在更宽的那一面以获得更多的插作面积。
4. 把所有的材料都涂上绿色染料。
5. 用特制的别针把香蒲叶固定，在容器外面。
6. 最后填充贝母，加上冰岛苔藓，用绿色毛毡做出不对称的效果即可。

LEVEL 4

爬山虎、野生藤蔓植物、花毛茛

Parthenocissus,
wild vine creeper
Ranunculus, buttercup

梁式金属框架

1. 围着框架反复缠绕着匍匐植物，让巢"漂浮"在上面。
2. 将花泥放入其中，并插入花。

LEVEL 3

14

芒草绒毛、花毛茛、白葡萄风信子

Miscanthus grass, fluff
Ranunculus, white buttercup
Muscari, white grape hyacinth

圆柱形花泥、白手绘纸、白色石蜡、
蛋壳、胶带

1. 将圆柱状花泥劈成两半，纵向加长，并将其表面贴上双面胶。
2. 同时，加热石蜡。
3. 将手绘纸撕成约5cm宽的纸条，共15条，并将其粘在花泥上。从上到下小心操作。
4. 将纸用石蜡轻轻地刷一下（从反面），这样我们还能看到纸的纤维。
5. 取下花泥，石蜡和纸形成一个花器，在底部随机排列芒草绒毛。把装满水的蛋壳放进去，这将把花毛茛和葡萄风信子衬托得更将光鲜亮丽。

LEVEL 3

17

19 | fleurcreatif

Still life with buttercups
毛茛静物画

Tom De Houwer
汤姆·德·豪威尔

汤姆
德·豪威尔

Embraced by tulips
郁金香港湾

page 34

汤姆
德·豪威尔

Flower eggs in Magnolia branches
木兰枝上的鲜花蛋

page 34

汤姆
德·豪威尔

Stick lattice
竹签搁架

LEVEL 4

花毛茛、切花月季、洋桔梗、绵毛水苏叶

Ranunculus
Rosa
Lisianthus
Stachys, lamb's ear

聚苯乙烯绝缘板（2cm厚）、4个方形玻璃花瓶或1个矩形长花瓶、竹签、双面胶带、冷胶

1. 从绝缘板上切下两个长方形。
2. 将其中一块裁剪成4~6cm宽的中空的框架。
3. 两块方形板都用双面胶重叠粘贴，并粘满绵毛水苏叶。如有必要，可用冷胶加强固定。
4. 把竹签插入框架板的底部，确保均匀。可以在尖端涂上一点冷胶，确保更加稳固。
5. 在框架顶部内环中水平插入一些竹签，这将有助于形成"撒"，让花材很好地固定。
6. 把4个花瓶放在另一块粘满水苏叶的方形板上，装满水。
7. 将框架放在花瓶上，上下两块板之间用竹签固定。
8. 如图所示，将鲜花通过框架插入花瓶中。

汤姆
德·豪威尔

Budding spring
崭露头角的春天

page 35

Walking twigs
行走的小树枝

李或樱桃树皮、欧洲荚蒾、
切花多枝月季、秋海棠叶

Prunus, cherry bark
Viburnum opulus 'Roseum'
Rosa, cluster rose
Astrantia
Begonia, leaf

扁平铝线、宽胶带（5cm）、宽双面胶带（5cm）、
试管、棕色胶带、胶枪

1. 将扁平铝线截成段，并用棕色胶带缠好，用作花器的"脚"。
2. 将试管和缠好的铝线间隔并列用透明胶带粘成一排，注意两侧都要用胶带，使试管和扁平铝线位于胶带之间。
3. 用胶枪粘樱桃皮条。
4. 将整个拉直，将底座和"腿"折叠成所需的形状。
5. 往试管里加水，把花插进去。

汤姆
德·豪威尔

LEVEL 3

Orange is the star of the show
橙色主秀场

汤姆
德·豪威尔

汤姆
德·豪威尔

荷包牡丹、花毛茛
Dicentra spectabilis 'Alba'
Ranunculus, buttercup

绳头、金属丝（2mm 规格）、
胶带（80～100cm）、塑料试管、干花泥、
小颈花瓶、胶枪

1. 将三个试管齐顶平行粘在一根短金属丝上。用绳子将其缠起来。
2. 用干花泥做圆筒，并用苹果挖心器挖洞。
3. 试管穿过这个洞，用胶枪固定好。
4. 将藤条或饰面薄板裁成小块，使其足够长以盖住圆筒花泥。用胶枪把它们粘在圆筒外壁。
5. 把上面这些圆筒插进窄颈花瓶里。根据你的喜好来调整形态。
6. 把试管装满水，插入花毛茛和荷包牡丹。

LEVEL 3

郁金香的港湾
欧洲荚蒾、郁金香
Viburnum opulus
Tulipa, tulips

花泥、鸡蛋、小型防水托盘

1. 在大木盘里放一层浸湿的花泥（之前预先在碗里放一层塑料膜）。
2. 把较小的防水托盘逐个放在花泥上。
3. 把郁金香插在两个托盘的边缘之间。
4. 托盘里装满水，然后把鸡蛋放在里面。鸡蛋会浮起来。
5. 在鸡蛋之间插入欧洲荚蒾。注意要放入足够的鸡蛋来支撑荚蒾茎秆。

LEVEL 2

破壳的鲜花盛开在木兰枝上
木兰枝、红果薄柱草、月季
Magnolia
Nertera, coral moss
Rosa, roses

缠绕丝、鸵鸟蛋、花泥（半圆直径 50cm）

1. 将半圆形花泥球放在工作台上。
2. 把木兰枝切成小段。
3. 将木兰枝段交错放置在半圆上，并用绕线缠绕在一起。
4. 当完全覆盖半圆的花泥时，将其移除，并另外用一些木兰枝段来延伸边缘，实现良好的过渡效果。
5. 如有必要，使用弯曲的实心树枝加固巢穴的形状，并用同样的方法固定好。
6. 把整只破壳的鸵鸟蛋放在巢里。
7. 用花泥填充蛋壳。
8. 插上月季，用红果薄柱草藓填充蛋壳内的空间，遮盖花泥。

LEVEL 3

枫树枝、欧洲荚蒾、白发藓

Acer pseudoplatanus, maple
Viburnum opulus 'Roseum'
Leucobryum glaucum,
bun moss

花泥、蛋壳状花器

1. 将花器装满花泥。
2. 小心地修剪枫树枝。
3. 将小枝插入碗边的花泥中。
4. 用薄荷苔藓覆盖花泥。
5. 准备一些鸡蛋壳洗净，然后装满水并插上荚蒾。
6. 把插好的荚蒾的鸡蛋壳和一些鸡蛋放进作品里。

LEVEL 2

嘉兰、红果薄柱草、香蒲叶

Gloriosa
Nertera, coral moss
Typha grass

托盘、鹅蛋、绳子、短金属线（2mm）、冷胶、干花泥、双面胶带、塑料试管

1. 将三个试管齐顶粘到三根短金属线上。
2. 用绳子把铁丝和试管缠起来，铁丝缠成一个柄。
3. 根据需要塑造成型。
4. 用干花泥做一个圆筒，用苹果取芯器打洞。
5. 把试管顺着这个推进去，然后用胶枪固定好，这样形成一个容器，铁丝柄露出来。
6. 用双面胶带裹住圆筒状花泥容器的外面，如果需要，用大头针固定。
7. 将香蒲切成段，长度足以覆盖住花泥容器外面。
8. 用冷胶把香蒲叶粘在容器外壁。注意：有时只用双面胶带就足够了，这取决于粘着强度。
9. 用铁丝柄造型，让它可以单独站立。把它们放在碗里，用胶枪粘好。
10. 用红果薄柱草填充试管。
11. 把鹅蛋壳用硅胶粘在盘子里，加水，然后插上嘉兰即可。

LEVEL 3

Geert Van Goethem
格尔特·范·戈特姆

Fern baskets
蕨菜篮

page 53

格尔特
范·戈特姆

page 53

Spring cylinder
春季万花筒

格尔特
范·戈特姆

LEVEL 3

Typha carpet
香蒲毯

宽叶香蒲、虎眼万年青、须苞石竹、加莱克斯草、欧洲荚蒾、绣球、黑种草、白头翁种荚

Typha latifolia (woven mat)
Galax, leaf
Ornithogalum sauderiae
Dianthus 'Green Trick'
Viburnum opulus 'Roseum'
Hydrangea, Hortensia
Pulsatilla vulgaris, seed pod

鹌鹑蛋、亚麻纱、花泥、小方盒

1. 小方盒里装入花泥。
2. 用香蒲叶编织一张席子，将四边中的三边修剪整齐。其中一边留长一些，这样很容易将垫插入花泥中。
3. 加入加莱克斯草。
4. 将绣球分成一簇簇的，用铁丝绑好，分散插入。
5. 同样的方法插入荚蒾。
6. 然后加入虎眼万年青、香石竹和白头翁种荚。
7. 将小鹌鹑蛋壳用冷胶粘好，最后用亚麻线收尾。

Six in a row
六人成行

格尔特
范·戈特姆

Gerbera with a collar of Viburnum
非洲菊的荚蒾围脖

LEVEL 2

金槌花、旱柳（刷漆）、非洲菊、
欧洲荚蒾、爱之蔓、苔藓

Craspedia
Salix (painted)
Gerbera Piccolini
Viburnum opulus 'Roseum'
Ceropegia woodii (hanging plant)
bun moss

木刨花、桦木圆盘、毛毡球、碎鹅蛋片、
玻璃试管、羊毛线

1. 在长方形玻璃容器的底部随意放一些装饰性的木刨花和苔藓。
2. 插入桦木圆盘。
3. 将毛线缠绕的玻璃试管插入苔藓和木盘之间，用胶枪固定。
4. 在底部填入毛毡球、金槌花、旱柳和碎蛋壳。
5. 剪下部分爱之蔓进行装饰。
6. 试管加水，然后插上欧洲荚蒾和非洲菊。

格尔特
范·戈特姆

Fresh Biedermeier
清新毕德迈雅风

LEVEL 2

绣球、须苞石竹、金丝桃、切花月季、欧洲白头翁种荚、铁筷子

Hydrangea, Hortensia
Dianthus 'Green Trick'
Hypericum 'Coco uno white', St John's-wort
Rosa 'Latin Pompon', rose
Pulsatilla vulgaris, seed pod
Helleborus 'Winterbells'

树皮管、亚麻纱、大头针、羽毛、合适的花泥

1. 将容器装入花泥。
2. 将树皮管掰碎，随机插入花泥中。
3. 将焦点花材——切花月季'拉丁绒球'插入其中，并将绣球分成一簇簇，用铁丝绑好同样插入其中。
4. 然后将其他花材分组插入。
5. 将毛毡剪成一小块一小块，用大头针将其固定，装饰容器的边缘。
6. 最后加入亚麻丝和羽毛完成。

格尔特
范·戈特姆

Spherical shapes

花球瓶插

切花月季、金槌花、蜘蛛抱蛋
Rosa Gr. 'Houdini'
Craspedia
Aspidistra

2个球形花瓶、钉枪

LEVEL 3

1. 把两个球形花瓶装满水。
2. 将蜘蛛抱蛋的叶子卷起来，用订书针固定。
3. 用月季和金槌花随意做一个短花束。把蜘蛛抱蛋卷放在花束下面，做两个同样风格的花束，一个大的，一个小的。
4. 花束绑好，剪到所需的长度，分别插入两个不同规格的花瓶中。

格尔特
范·戈特姆

Easter tree
复活节树

LEVEL 3

装饰性枝条、杜鹃花、万代兰、苔藓、金槌花、桑椹

Decorative twigs
Azalea
Vanda 'Cerise', orchid
Bun moss
Craspedia
Morus, mulberry

鸵鸟蛋、藤圈、羊毛线和装饰金属线、玻璃花瓶 + 装饰结、花泥、塑料薄膜、玻璃试管、亚麻纱

1. 把花盆放在地上，用珠子和花泥填满，插入枝条。
2. 用青苔遮盖花泥。
3. 将玻璃瓶外面包上一层塑料膜，并用绳子挂在枝条上。
4. 把杜鹃花直接插进去，用亚麻丝把整个装着杜鹃花的玻璃瓶包好。
5. 把金槌花修剪好，插在杜鹃花盆栽中。
6. 做捕梦网：用多色羊毛包住柳条环的边缘，然后用金属丝交缠整个柳条环。
7. 将玻璃试管固定在捕梦网中心，注满水，并在其中插入万代兰。
8. 把杜鹃花和捕梦网挂在树枝上，并用一些大鸵鸟蛋放在花盆上面装饰。

格尔特
范·戈特姆

Twig nest
小枝巢

银芽柳、杨梅枝、绣球、金槌花、须苞石竹、冰岛苔藓、爱之蔓、万代兰、金丝桃、加莱克斯草、迷你植物混合

Salix
Myrica gale
Galax
Hydrangea, Hortensia
Craspedia
Cetraria, Iceland moss
Ceropegia woodii (hanging plant)
Vanda 'Tayan Diamond White', orchid
Hypericum 'Coco uno white', St John's-wort
Tillandsia plant mini mix

木制圆盘、白色漂白细枝藤环、鹅蛋、玻璃瓶、羊毛线、金属线、包扎线

1. 用一个木盘作为底座，在上面间隔钻孔。把木棍插进洞里，用热胶固定。
2. 在木棍外围一圈桦树皮。将银芽柳和杨梅的枝夹在桦树皮圈之间。
3. 再做三个相同的花束放在架构上。用毛毡、羊毛线和白色线缠绕装饰手柄，并用大头针固定。将加莱克斯草叶片插入花泥中。用一小簇小簇的绣球花、须苞石竹和金丝桃来丰富色彩。
4. 用冰岛苔藓、牡蛎、鹅蛋、柳枝和兰叶装饰作品底部。
5. 在作品的顶部加入藤条圈，用金属丝固定。
6. 将试管固定在环上，并插入万带兰，最后加入用兰花的卷须收尾。

LEVEL 3

格尔特
范·戈特姆

Wrapped in mulberry
桑纤维花器装饰

page 53

51 | fleurcreatif

Circlets of garlic and Vanda
大蒜和万带兰之缘聚

万带兰、蒜瓣、白色面包藓

3个带支架的装饰性藤环框架、黑白羊毛、金属丝、玻璃试管、鹅蛋壳片、羽毛

1. 将带支架的框架放在工作台上，底部填满面包苔藓。
2. 用金属丝和黑白毛线把藤圈包起来。
3. 将三个藤圈参差重叠放在框架中。
4. 用羊毛和金属线把玻璃试管缠绕，固定在藤圈的边缘。把万带兰插入其中。
5. 用白蒜、鹅蛋壳和羽毛来装饰作品底部。

伞形蕨类植物、天竺葵，鸡冠花 、金丝桃、
南美水仙、铁筷子、天鹅绒

Umbrella fern, Typha latifolia
Dracaena compacta
Celosia, cockscombs
Hypericum 'Coco uno white', St John's-wort
Eucharis grandiflora
Helleborus 'Winterbells'
Ornithogalum sauderiae

木结构装饰绳、3 个玻璃花瓶

1. 取三个与木质架构容器相称的玻璃花瓶。花瓶可以先从架构上取下来，用香蒲在不同高度的木条之间穿梭编织。
2. 然后把花瓶放回木质架构中，再灌满水。
3. 以龙血树为绿色基底做三个紧簇的花束，花以组群的方式分散在绿色基底中，最后用伞形蕨类植物收尾。
4. 用绳把花束绑好，修剪到所需的长度，放在花瓶里。

LEVEL 2

宽叶香蒲、旱柳、南美水仙、金槌花、
欧洲荚蒾、万带兰

Typha latifolia
Salix
Bun moss
Eucharis grandiflora
Craspedia
Viburnum opulus 'Roseum'
Vanda 'Tayan Diamond', orchid

装饰架、玻璃试管、毛线、金属丝、木刨花、
亚麻纱线 、鹅蛋和鹅毛、圆筒形藤条架构

1. 把架子放在工作台上，底部填满面包苔。
2. 把柳条圈用毛线缠好，连接形成一个筒状架构，香蒲叶穿梭在架构中。
3. 将金槌花用胶枪随机粘到架构上。
4. 用金属丝和毛线将筒状架构不对称地固定到装饰架上。
5. 把试管固定在架构两侧。
6. 用木屑、鹅蛋和羽毛填充架构。把南美水仙和欧洲荚蒾插在试管里。
7. 最后添加刷过漆的柳条。

LEVEL 3

麻疯树、金槌花、文殊兰

Jatropha 'Firecrack'
Craspedia
Chasmanthium latifolium

树皮、毛纱、花瓶

1. 把花瓶装满水。
2. 把树皮放在花瓶上，用胶枪固定。
3. 用线或羊毛把木环包起来，放在树皮中，并黏贴固定。
4. 把麻疯树、小盼草和金槌花放在花瓶里。确保花固定并且保持直立。

LEVEL 2

切花月季、朱蕉、鸡冠花、香石竹、须苞石竹、
非洲菊、白头翁、谷穗、钢草、花烛、桑

Rosa 'Latin Pompon', rose
Cordyline 'Black Tie'
Celosia, cockscombs
Dianthus 'Green Trick'
Gerbera Piccolini
Pulsatilla vulgaris
Setaria
Steel grass
Anthurium
Morus

鹌鹑蛋、亚麻纱 、铁架、玻璃花瓶

1. 设计三款对称的花束。从铁架上取下玻璃花瓶，在铁架内侧遮上桑树纤维。然后把花瓶放回铁框里。
2. 将花泥放入花瓶，高度超过花瓶 3cm，并削掉四个角，增加插作面积。
3. 用朱蕉做一个结，并用大头针固定。
4. 将鸡冠花作为主景花，然后是月季、非洲菊和其他成组的花材。
5. 注意，让花烛和谷穗面朝前。
6. 用钢草丰富作品的线条，用冷胶把鹌鹑蛋粘在插花上，最后用亚麻线装饰收尾。

LEVEL 2

Spring wreath
春日花环

page 70

Merry
Easter Table

快乐的
复活节桌花

page 70

夏洛特
巴塞洛姆

夏洛特
巴塞洛姆

Flower princess
花公主

Tipi with floral accents
花饰帐篷

page 70

FLEUR CRÉATIF @home

夏洛特
巴塞洛姆

Easter egg
复活节彩蛋

page 70

page 71

Nests
巢

夏洛特
巴塞洛姆

FLEUR CRÉATIEF @home

夏洛特
巴塞洛姆

Lemon yellow
柠檬黄

花毛茛、切花月季、马蹄莲、金槌花、银芽柳
Ranunculus, buttercup
Rosa, roses
Calla
Craspedia
Salix, Willow

塑料胶带、热胶、藤条

1. 用塑料做泪滴状架构，用绿色胶带固定，确保固定好。
2. 把一些毛毡、纸板、纸或其他材料粘在架构背面。
3. 用藤条和柳条装饰四周，注意遵循架构形状，并用胶水或铁丝固定。注意把塑料隐藏好。
4. 最后在架构内插花，注意时刻保持形状。

LEVEL 2

夏洛特
巴塞洛姆

page 71

Flower baskets

花和篮

Spring onions
春天的洋葱

桑树皮、切花月季
Morus, mulberry bark
Rigid brown band of bark
Rosa, roses

纸箱、胶带、装饰胶、细锯屑、花泥、塑料板

1. 用硬纸板做一个"冰淇淋"架构容器，顶部可以向外折。
2. 用双面胶缠绕固定架构容器。
3. 把胶粒和细锯末撒在双面胶上，晾干并重复。
4. 用金属丝做一个大的支架，支撑"冰淇淋"架构。
5. 用桑树皮缠绕遮住支架。
6. 把"冰淇淋"容器放进去，用一条条树皮纤维缠在上面。这显得既漂亮又结实。
7. 把花泥包在塑料里，然后放在"冰淇淋"容器中。
8. 用不同品种的切花月季来装饰，以获得柔和的颜色搭配。

LEVEL 4

Decorated purse
别致的钱包

page 71

夏洛特
巴塞洛姆

Bent straw wreath
弯曲的草环架构

page 71

水仙（植株和球茎）
Narcissus, plants, daffodil bulbs
Foam ball

花泥、塑胶水管、黄麻、金属丝、
胶带、热胶、鹌鹑蛋

1. 将塑胶水管的外层拆下，只用里面白色的部分。
2. 把水管做成几个圆环，形成一个漂亮的架构。
3. 在一个环的底部用金属丝和胶带做一个"口袋"。
4. 用黄麻缠绕架构。
5. 把水仙花插进"口袋"里。
6. 最后把蛋壳粘上。

LEVEL 4

金槌花、郁金香、金合欢、花毛茛、
水仙花、荚蒾、各种草
Craspedia
Tulipa, tulips
Ranunculus, buttercup
Seringa vulgaris, lilac
Narcissus, daffodils
Viburnum opulus
Grasses

环状干花泥、玻璃试管、黄麻、
拉菲草、毛线、蛋壳

1. 把干花泥用黄麻或拉菲草缠绕遮盖。
2. 用毛线把玻璃试管固定在干花泥上，形成架构。
3. 把蛋壳粘上。
4. 最后插入春天的花儿。

LEVEL 2

沙巴叶、西澳蜡花、切花月季、
白眼镜蛇瓶子草叶、桦树枝条
Salal, leaves
Chamelaucium waxflower
Rosa, roses
White cobra leaves
Betula, birch branches

白色织物、冷胶、绑缚线

1. 把眼镜蛇草叶子粘在布料上，形成白色树叶毯。用冷胶不会留下痕迹，但热胶更快。
2. 把四根桦树枝绑好，作为帐篷的支架。
3. 把树叶毯披在支架上，形成帐篷架构，绑点用花材装饰。
4. 用沙巴叶和铁丝做花环。
5. 然后把它们随意绕在架构周围。
6. 用冷胶把花粘在沙巴叶之间，也可以在花环中隐藏一些小管，把它们插在小管里。

LEVEL 3

白桦枝、花毛茛、风信子
Betula, birch branches
Ranunculus, buttercup
Gypsophila, Baby's breath
Hyacinthus, hyacinth

波浪形乡村风格金属支架、葡萄丝绿洲
绿洲泡沫塑料、灰泥砂、蛋壳

1. 用蛋状干花泥切一个椭圆形的洞。
2. 用灰泥、沙子和小蛋壳的混合物覆盖在花泥外表，形成蛋形容器。
3. 把桦树枝放在金属支架上。
4. 把蛋粘在树枝上。
5. 把一些花泥放在蛋形容器里，最后填充鲜花。

LEVEL 3

蜡梅、花毛茛、贝母、金槌花

Chamelaucium waxflower
Ranunculus, buttercup
Fritillaria
Craspedia

用水、面粉、盐做盐线团、食品色素、麻丝、蛋壳、葡萄藤、钢丝绳

1. 用盐和面粉做一个面团，加入黄色染料。
2. 将面团捏一个小巢，将麻线放在里面，晾干。注意，如果想获得更规则的形状，可以用面团来包裹一个球形的底部来获得。
3. 用粗铁丝做几个环，连接形成架构，把面团巢放上去。
4. 把巢卡在架构内。
5. 把鸡蛋和小贝壳粘在巢里。
6. 蛋壳内注水、插入鲜花即可。

LEVEL 2
61

桑树皮、露兜树叶、铁线莲、切花月季、小苍兰、花毛茛等

Morus, mulberry bark
Pandanus, leaves
Clematis
Rosa, roses
Freesia
Ranunculus, buttercup
Prunus

半球泡沫容器、金属圈、花泥

1. 将干叶子粘在容器上，进行遮盖、装饰。
2. 把金属圈弯折，做一个支撑。
3. 用桑树皮条遮盖金属圈。
4. 把半球容器放在支架上。
5. 在支架上放入花泥，最后插上花。

LEVEL 1
64

金合欢、西澳蜡花、花毛茛、小苍兰、眼镜蛇瓶子草叶

Mimosa
Chamelaucium waxflower
Ranunculus, buttercup
Craspedia
Freesia
Cobra sheets

双金属圈、毛线胶带、金属丝、花泥

1. 用绳子把圆圈的一半缠绕起来，成为花束的手柄。
2. 在圆的另一半用金属丝和胶带做一个口袋。
3. 把眼镜蛇草叶子粘在外面装饰。
4. 把花泥放进去并插上花。

LEVEL 2
68

欧洲荚蒾、花毛茛、贝母

Viburnum opulus 'Roseum'
Ranunculus, buttercup
Fritillaria
Grasses
Yellow flowers

双金属圈、绑线、金属线、干草、玻璃试管、毡毛线

1. 把金属圈弯折形成支架。
2. 用细铁丝缠绕干草遮盖支架。
3. 用毛线和绳子来回缠绕支架两端形成架构。
4. 剪一些小的毛毡圈，在中间打个洞，试管穿过去。试管周围就形成了一个小花环。
5. 试管中插入五颜六色的鲜花。

LEVEL 2
69

71 | fleur creatif

Rita Van Gansbeke

丽塔·范·甘斯贝克

About buttons
& poppy seedpods

纽扣遇上罂粟荚

丽塔
范·甘斯贝克

Summer wreath with Typha nests
香蒲巢花环

香蒲、伽蓝菜

Typha, cattail fibre
Kalanchoe, pink

环状花泥、订书针、剑山

1. 把香蒲叶的纤维用剑山撕成细条。
2. 用香蒲条做几个圈，用订书钉把它们固定在花泥上。
3. 在开口处插入粉红色的伽蓝菜。

LEVEL 2

丽塔
范·甘斯贝克

page 89

Sunny lanterns
七彩阳光灯笼

丽塔
范·甘斯贝克

page 89

Wrapped bottles
给花瓶套件针织衫

丽塔
范·甘斯贝克

Japanese drum
日本和太鼓

LEVEL 4

旱柳、沙巴叶、爱之蔓、翡翠珠、蝴蝶兰
Salal
Senecio rowleyanus, pea plant
Ceropegia, lantern plant
Muehlenbeckia
Phalaenopsis

塑料试管、绑缚线、塑料涂层、花卉金属丝、泡沫花泥（20cm和25cm）、竹签、白色棉线

1. 把数根竹签两头串过泡沫，形成一个圆柱形。
2. 露出来的竹签两端缠绕棉线。
3. 卷起沙巴叶，用绿色的铁丝串起来，用线把它们固定在竹签上。
4. 最后用爱之蔓、翡翠珠和兰花装饰。
5. 把蝴蝶兰插进"鼓"里。

丽塔
范·甘斯贝克

Threaded paper bags
螺纹纸袋

LEVEL 1

切花月季、补血草、西洋蓍草

Rosa 'Latin Pompon', rose
Statice
Achillea, yarrow (can be found along country roads)
Grasses

纸类、剪刀、双面胶带、试管

1. 用纸做一些小袋子（7.5cm×10cm）。
2. 用双面胶带将它们相互连接，使其排成一行。
3. 把试管装满水，放进纸袋，把花插进试管里。

FLEUR CRÉATIEF @home

丽塔
范·甘斯贝克

Art on wall
墙饰艺术

page 89

Simplicity is a virtue
简单是一种美德

page 89

丽塔
范·甘斯贝克

Sunrays on the table
阳光洒在桌子上

LEVEL 3

切花月季、澳洲米花、青柳、翡翠珠

Rosa 'Mata Hari', rose
Ozothamnus, rice flower
Rhipsalis
Senecio

短木棍（30cm长，0.6mm粗）、织物、双面胶带、试管、细线

1. 用织物缠绕短棍。
2. 把10根短木棍绑在一起并弯折，像太阳射线一样分布开来。
3. 用金属丝缠绕、固定，顶部留开口，然后用薄的布条（按太阳射线样）编织。
4. 在开口的顶部，放入塑料试管，把一朵切花月季和澳洲米花、青柳、翡翠珠插进去，作品完成。

87 | fleurcreatif

Summer meets spring
夏逢春

雏菊、勿忘我、蒲公英、大蒜根、非洲菊

Bellis perennis, (daisy),
Myosotis, (forget-me-not)
Taraxacum officinale (dandelion)
Alliaria petiolata (Garlic root)
Gebera Piccolini – all colours

2个带凹槽的木块、4个有机玻璃板、玻璃试管

1. 把各种干花夹在有机玻璃板之间，插入木块的槽中，并用两个小槽木块固定。
2. 把插好非洲菊的透明花瓶放在花屏风后面。

罂粟果

Papaver, poppy

铁架（60cm×60cm、用5根直铁杆，25cm高）、绑缚线、低熔点胶枪、红色纽扣和棉线

1. 用绑缚线把铁杆包起来。
2. 用绑缚线把罂粟茎固定在铁杆上。
3. 把罂粟果呈波浪形粘在茎的框架上
4. 用棉线把扣子连在一起，并和罂粟果固定在一起。

LEVEL 3

不同颜色的拉菲草、蜡菊
Raffia – Raphia ruffia in different colours
Helichrysum arenarium, dwarf everlast

空竹形状的铁架、胶枪、LED 灯木制安装架

1. 把不同颜色的拉菲草相接，大约留 3m 长。
2. 然后，用交替编织方式绕着上下两个铁圈缠绕，成灯罩形状。
3. 把蜡菊粘在中间。
4. 把编好的拉菲草灯罩系在木质安装架上。

LEVEL 2

76

小盼草、藘草、金丝雀草、大丽花
Chasmanthium latifolium wood oats
Phalaris canariensis, Canary grass
Dahlia

自制"创意"花卉、亚麻线、胶带、玻璃花瓶 4 个

1. 将 10 根纱线（20 束）放在工作台上，一端用胶带固定（纱线长度 = 瓶子高度的 1.5 倍）。
2. 编织瓶底。
3. 剩下的纱线系在瓶颈上。
4. 继续编织直到瓶子被盖住。
5. 把纱线固定在瓶口上
6. 用干燥新鲜的花材填充。

LEVEL 2

79

蜡菊
Helichrysum arenarium, dwarf everlast

编织绳、双面胶、胶带、纸花

1. 用编织绳做两个圆，并用棉线连起来。
2. 将第三个和第四个圆与其余的圆相连。
3. 水平编织末端，从而做成最外的一个圆。
4. 把蜡菊和纸花贴在中间。

LEVEL 3

84

澳洲米花，大阿米芹
Ozothamnus pink, rice flower
Purple Anethum graveolens, dill

木块、长试管（15cm）、双面胶带、布条

1. 用布条把长试管包起来。
2. 用澳洲米花和大阿米芹填满。
3. 把试管放在木块上。
提示：为了避免瓶子掉下来，把它们固定好用双面胶带粘到木块上。

LEVEL 2

85

Summer with lavender
薰衣草的夏天

Annick Mertens
安尼克·梅尔滕斯

page 100

Cylinder of snake grass
节节草筒

Blue tower
蓝塔

安尼克
梅尔藤斯

Radiant bouquet
光芒四射的花束

page 101

Lavender pouches
薰衣草袋

安尼克
梅尔藤斯

Purple flower pyramids
紫花金字塔

LEVEL 3

绣球、蓝盆花、桑树皮

Hydrangea, blue Hortensia
Scabiosa, dove scabious
Morus, turquoise mulberry bark

三脚架、紫绳、酸奶罐、蓝剑麻

1. 三脚架最长的腿用紫绳包裹，短腿用绿桑树皮包裹。
2. 用蓝剑麻包裹酸奶罐，用来做插绣球和蓝盆花的花器。

安尼克
梅尔藤斯

Drawing between cubes
立方体画作

薰衣草
Lavendula
Grass from the road verges

3 种不同大小的方形花泥块、绿色橡皮筋、金属支架

1. 把花泥用绿色的纸包起来。
2. 用订书钉将草固定在立方体上，并不时用皮筋固定。
3. 同时在上层加入薰衣草。

LEVEL 3

安尼克
梅尔藤斯

薰衣草、桑树皮
Lavendula 'Hidcote' plant
Morus, Mulberry bark

老花盆、蓝毛毡

1. 把粗糙的桑树皮贴在栽好薰衣草的旧花盆上。
2. 用绳子和蓝色的毛毡把整个底部包起来。

LEVEL 2

节节草、万带兰
Equisetum, snake grass
Vanda, orchid

圆柱形花泥、别针、
金属底座、紫色绳子

1. 用特制的别针把节节草固定在花泥上，遮盖花泥，注意斜放！
2. 用绳子把金属底座包起来。
3. 将兰花插在小试管中，放入花泥。

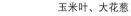

LEVEL 2

玉米叶、大花葱
Maize, leaf
Allium giganteum, giant onion

柱状花泥、金属支架、蓝白色的绳子和
固定毛毡草花用的塑料钉

1. 用玉米叶盖住花泥的一半，用订书钉固定。
2. 另一半用毛毡和蓝色的绳子包起来。
3. 为了更加保鲜、服贴，在玉米叶外包上保鲜膜。提示：至少包一天。
4. 在顶部插入一个漂亮的大花葱球，干燥后会更美！
5. 金属支架让作品看起来更优雅。

LEVEL 2

安尼克
梅尔藤斯

百子莲、蓝盆花、飞燕草

Agapanthus 'Donau'
Scabiosa, light blue
T-grass
Delphinium

花瓶、带铁丝的纸藤

1. 用带铁丝的纸藤编织一个蛛网形的结构，并把结构置于花器瓶口。
2. 插入百子莲、蓝盆花和飞燕草，做成一个夏天的花束。

LEVEL 3

薰衣草、桑树皮

Lavendula
Morus, turquoise mulberry bark

帆布、透明锥形管、蓝毛线

1. 把一些青绿色的桑树皮粘在帆布上。
2. 把蓝色的玻璃锥形管粘在一起，从视觉上看像是和蓝色的毛毡线连接起来。再将其整个粘在帆布上。
3. 用薰衣草填满锥形管！

LEVEL 3

Tom De Houwer
汤姆·德·豪威尔

Exotic summer
异国情调的夏天

page 112

page 113

Sea urchin
海胆

汤姆
德·豪威尔

Flower urchin
花与海胆

page 113

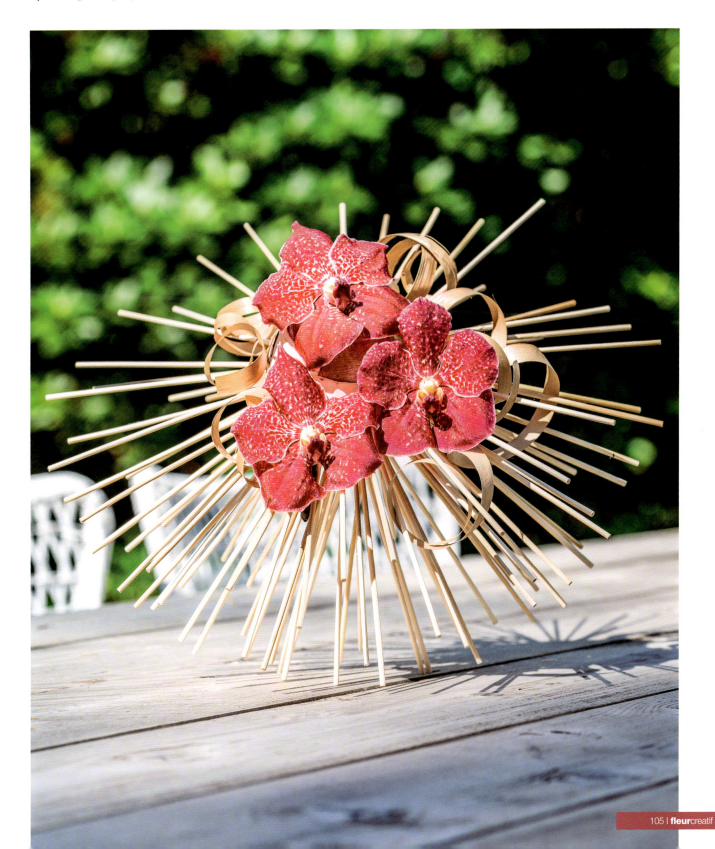

汤姆
德·豪威尔

Blooming haystack
干草堆开花了

LEVEL 3

宫灯百合、干草、芦苇

Sandersonia
Hay
Reed

立方体干花泥（20cm×20cm）、干燥橙色丝瓜瓤、橙色喷漆、打孔器、试管

1. 用橙色水性涂料涂刷立方体干花泥。
2. 将立方体花泥用干草包裹起来。
3. 把干草用和立方体一样的颜色喷漆。
4. 在立方体的顶部钻足够大的孔来装试管。
5. 把试管插入花泥内。
6. 将芦苇平行插入试管之间或周围。
7. 试管装水，插入宫灯百合。
8. 最后，将芦苇茎剪成各种不同的高度，串上颜色相配的干丝瓜瓤。

FLEUR CRÉATIEF @home

汤姆
德·豪威尔

Summer board
暑期花木板

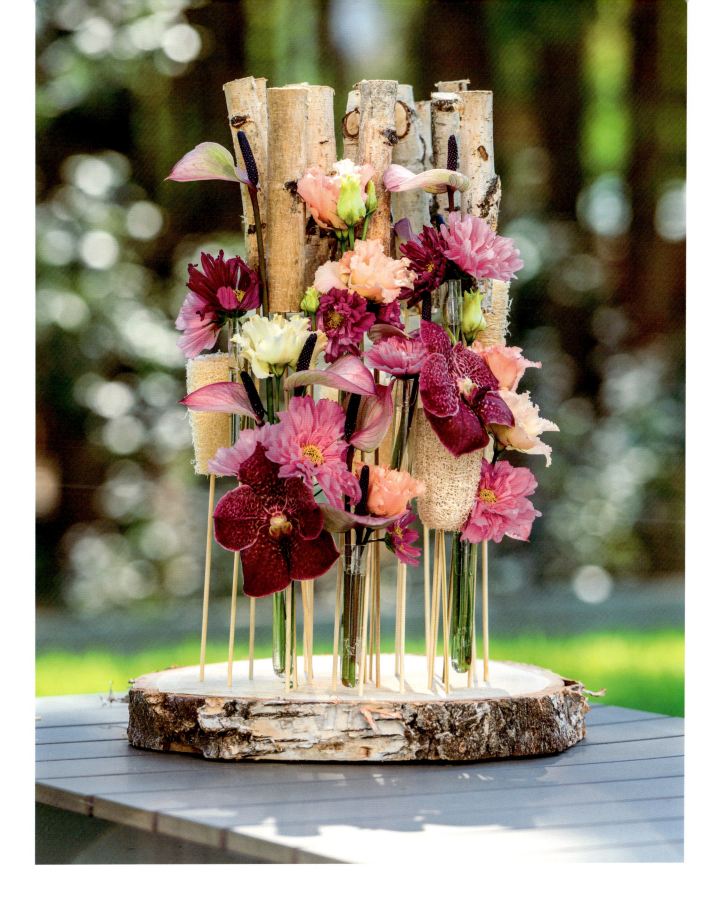

Airy luffa vases
空中丝瓜花瓶

page 113

汤姆
德·豪威尔

大丽花、万带兰、大波斯菊

Dahlia
Vanda
Cosmea

木制矩形白色托盘、白色皮筋、试管、粉红色染料

1. 把橡皮筋绕在托盘上。
2. 在背面的皮筋之间夹两个木条，使盘子保持直立。
3. 在前面，把试管夹在皮筋之间。
4. 用染料把水染成不同的红色。
5. 把水注入试管。
6. 把花插进去。

Flowery bookends
华丽的书挡

LEVEL 2

LEVEL 2

Fresh white
鲜白

桑树皮、菊花、切花月季、马利筋、万带兰

Morus, Mulberry bark
Chrysanthemum
Rosa
Asclepias 'Moby Dick'
Vanda

木箱、玻璃容器、试管

1. 使用与木制容器相匹配的玻璃容器。
2. 用桑纤维包裹玻璃容器。
3. 将此容器放入木制容器。这样可以把桑纤维固定在两个容器之间。
4. 把桑纤维拉成所需的形状。
5. 把万带兰插入试管。
6. 往玻璃试管里加水，插上月季、菊花、马利筋和万带兰。

小贴士：玻璃外壁和木质容器内壁之间必须有大约 1cm 的空间。

芦苇、万带兰、露兜树叶、细桦树皮、飞燕草、

Reed
Vanda
Pandanus
Betula, small and very thin pieces of birch bark
Delphinium

干花泥球、冷胶、绑扎线、防水胶带、胶枪、棕色冷胶、试管、木制桦木容器

1. 用胶枪将细桦木皮粘在干花泥球上。
2. 将装有万带兰的试管插入干花泥球。
3. 将一束芦苇把上面和下面捆紧，在包扎带上贴些防水胶以防线滑落。把露兜树叶子粘在胶带上，确保隐藏胶带。
4. 把这束芦苇放在一个比芦苇稍大的容器里，但仍能把它紧紧地固定住。
5. 拨开芦苇束的顶部，插入用桦树皮覆盖的花泥球。
6. 用棕色冷胶固定试管，夹在芦苇之间，然后插万带兰、飞燕草。
9. 以露兜树叶卷收尾。

LEVEL 3

椰子、万带兰、铁线莲、绣球、飞燕草
Coconut (halved)
Vanda
Clematis fluff
Hydrangea (should have blossomed sufficiently)
Delphinium

冷胶、壳喷胶枪、木托盘

1. 把切成两半的椰子壳放在托盘上。
2. 如果需要，用胶枪固定。
3. 在大小合适的试管里插上万带兰和飞燕草。
4. 确保花插在椰子和贝壳之间。
5. 将铁线莲、绒毛放在作品中，用冷胶固定。
6. 取一些松软的绣球花瓣，用冷胶把它们粘好。

小贴士：绣球花要完全开放。

LEVEL 2
104

万带兰、露兜树、小而薄的桦树皮
Vanda
Pandanus
Betula, small and very thin pieces
Birch bark

干花泥球、冷胶、胶枪、竹签、试管

1. 用胶枪把桦树皮粘到花泥球上。
2. 在球体顶部中间插入一个试管。
3. 用短竹签尖的一面插入花泥球上，顶端可用一点热胶。
4. 取两个试管，装满水，然后插入万带兰。
5. 并将其插在竹签之间，用冷胶固定。
6. 在竹签之间，将露兜树中装饰在靠花泥球的地方。

LEVEL 1
105

芦苇、大丽花、万带兰、麦秆菊
Reed
Dahlia
Vanda
Helichrysum bracteatum

木制托盘、试管、填充物、丝瓜瓢、胶枪

1. 把藤条穿过丝瓜瓢，创造一个开放的架构。
2. 将框架放在木托盘上，必要时用胶枪将其粘合到位。
3. 把试管放在丝瓜瓢之间，插上万带兰和大丽花。
4. 用胶枪在盘子和藤上粘上干的麦秆菊。

LEVEL 2
108

红掌、万带兰、洋桔梗、大波斯菊
Anthurium
Vanda
Lisianthus
Cosmea

树盘、丝瓜瓢、试管、竹签、胶枪、透明胶带

1. 在桦树枝上钻一个和竹签一样大的洞。
2. 插入竹签并用一点热胶固定。
3. 用透明胶带将试管粘在竹签的顶部。
4. 在树盘上钻几个洞。
5. 首先将串上桦木枝的竹签插入树盘中，高度大致相同，然后再用一些较短的竹签串上丝瓜瓢插入。
6. 然后将固定着试管的竹签插入，高度不一。

小贴士：如果需要，用一滴热胶固定竹签。

7. 试管装满水，插上花。

LEVEL 3
109

113 | fleurcreatif

Charlotte Bartholomé
夏洛特·巴塞洛姆

Camping
露营

夏洛特
巴塞洛姆

page 124

Summer birthday party
夏季生日派对

Party swing
派对秋千

page 124

夏洛特
巴塞洛姆

Sunny discs
阳光花盘

page 125

Sunny wreath
阳光花环

page 125

Burlap vases
粗麻布花瓶

夏洛特
巴塞洛姆

Flower screen
花屏

page 125

香蕉树皮、飞燕草、鬼罂栗果、
蓝星花、羽衣草、婆婆纳

Musa, banana bark
Delphinium
Panicum
Papaver, poppy
Oxypetalum
Alchemilla
Veronica, veronique

花泥、硬质树皮条、塑料胶带

LEVEL 3

1. 裁取一块细长的花泥，可以用线切锯或锋利的刀切割。
2. 用塑料和胶带盖住底座。
3. 垂直地粘上香蕉树皮条：这样效果会很好，让花插在里面看起来很自然。
4. 把花插进去，让它们看起来像一片草地。
5. 用坚硬的树皮条来收尾，将其一端插入模型中，另一端露在外面显示间隙，这将给予作品透气性，并方便后期调整作品。

玫瑰树枝、玫瑰、洋桔梗、
桉树、绣球

Rosa, bunch of roses
Rosa, roses
Lisianthus
Eucalyptus
Hydrangea

蛋糕状干花泥、小块花泥、胶布、
毡环、热熔胶

LEVEL 2

1. 用双面胶带覆盖干花泥，在顶部和侧边粘土毛毡。
2. 在略微偏离中心的方向粘贴数字。
3. 用大头针固定好糖果进行装饰。注意，要始终保持糖果的在相同的方向和位置。
4. 将花朵插入小块花泥中，放置在糖果之上。

百日草、玫瑰、非洲菊、
铁线莲、黍、羽衣草

Zinnia
Rosa, rose
Gerbera germini
Clematis, traveller's joy
Panicum
Alchemilla

气球、塑料试管、彩线

LEVEL 1

1. 把自来水装入气球，并插入一个大的塑料试管。
2. 用金属丝拧紧固定。
3. 把气球挂起来。
4. 试管中中装水，并把花插进去。

沙巴叶、玫瑰、桉树、
补血草

Salal
Rosa, roses
Eucalyptus trees
Limonium

粗绳、一块木板、
一个钻孔机、冷胶

LEVEL 1

1. 制作金属框架，然后用软木条覆盖。
2. 在底座上放一个花箱，用更多的软木条整体覆盖它。
3. 在木板上钻四个等距的孔。
4. 用粗绳穿过它。
5. 一旦挂上后，用折叠的沙巴叶花环装饰秋千。沙巴叶作为绿色基底，其中可以粘贴花朵。当然，您也可以把试管藏在其中来插花。

黄金球、纸莎草、文心兰、
菊花、露兜树

Craspedia
Papyrus
Oncidium
Chrysanthemum santini
Pandanus

原木盘、热熔胶、玻璃试管、
干花泥、木杆子等

1. 在原木中钻四个孔，将木杆子插入并用胶水点固定。
2. 裁取一个小的和一个稍大的纸板圈。
3. 在较小的纸板圈上，按照圆圈的形状粘贴露兜树叶子。 在中间留一个小洞，也就是预先在纸板上打的洞。
4. 在较大的纸板圈上，粘上一块干花泥，然后用露兜树的叶子覆盖其余的部分。
5. 将两个纸板圈错落插在木杆上。
6. 将干燥的纸莎草和黄金球粘在干花泥上。

小贴士：也可以使用湿花泥，但必须非常小心，不要弄湿纸板。

7. 用冷胶涂在菊花上，粘牢。
8. 粘上玻璃试管，将文心兰插入其中。

 LEVEL 4

向日葵、纤枝稷、土茴香、

Helianthus
Panicum
Anethum graveolens

圆环干花泥、塑料、胶布、
软木条、热熔胶

1. 用塑料盖住圆环花泥的下侧和侧面，并用胶带固定。
2. 在圆环的两侧粘上软木条并且调整木条的长度和宽度。
3. 插入向日葵、纤枝稷和土茴香，高度参差不齐以显得自然。

 LEVEL 2

剑兰、补血草、纤枝稷、
洋桔梗、黄麻纤维

Gladiolus, gladioli
Limonium
Panicum
Lisianthus

矿泉水瓶、订书机、热熔胶

1. 切掉矿泉水瓶顶部。 不要直线切割，而要偏斜切割。
2. 在开口处周围钉上小块黄麻纤维。
3. 用黄麻纤维包裹剩余的瓶子，然后用热胶粘合。通过这种方式，您可以快速而省钱地得到一个可回收的花瓶！
4. 把水倒进花瓶中，再用鲜花装饰。

 LEVEL 1

干树叶、蓼、狗尾草、蓝盆花 、黍、
马蹄莲、婆婆纳、大丽花、铁钱莲

Dried leaves, Polygonum
Setaria, Scabiosa
Panicum, Calla
Veronica, veronique
Dahlia
Clematis

金属丝、隔热板、木棍、胶布、冷胶、
钉子、线、塑料瓶

1. 将绝缘板用胶带固定在金属框架上。
2. 用干燥的叶子遮盖。
3. 纵向切割蓼属植物并将其钉在面板上。
4. 将木棍粘在蓼属植物之间使设计更精巧。
5. 用绳子把木棍连接在一起，重复多次。
6. 用干燥的叶子缠绕覆盖试管。
7. 将楔入叶子缠绕绳子之间，并用鲜花装饰。

 LEVEL 3

2019 全球著名花展活动

比利时
2019 年 3 月 22 日—3 月 24 日
科特赖克会展中心园艺博览会
www.tuinxpo.be

2019 年 4 月 5 日—4 月 7 日
赫肯洛德修道院新式花卉节——哈瑟尔特绽放，赫肯洛德
https://blossomingherkenrode.com/

2019 年 4 月 11 日—4 月 14 日
比利时安特卫普皇家花店联盟花卉活动——淑女花节
www.fleursdesdames.be

2019 年 4 月 27 日—5 月 5 日
学生与花艺师均可参与，孤挺花花卉比赛，贝洛伊尔城堡
www.chateaudebeloeil.com

2019 年 6 月 29 日—6 月 30 日
丽塔·范·甘斯贝克方案新展——"拉尔内绿植花卉亲密展"，根特
www.plantaardigbeschouwd.be

2019 年 9 月 27 日—9 月 30 日
2019 年 Fleurmour 花卉节，展现花艺的激情
奥尔登·比尔森古城堡最盛大的年度花卉节
主题：回到未来
www.fleuramour.be

荷兰
2019 年 3 月 21 日—5 月 19 日
利瑟，库肯霍夫
春花节
www.keukenhof.nl

英格兰
2019 年 4 月 12 日—4 月 14 日
卡迪夫，英国皇家园艺协会展
www.rhs.org.uk

2019 年 5 月 21 日—5 月 29 日
英国皇家园艺协会切尔西花展
www.rhs.org.uk

德国
2019 年 9 月 11 日—9 月 15 日
巴特诺因阿尔
葛雷欧·洛许 5 天 5 故事
www.gregorlersch.de

法国
2019 年 5 月 17 日—5 月 19 日
巴黎附近尚蒂伊城堡园林植物、园艺节
www.domainedechantilly.com

瑞士
2019 年 3 月 13 日—3 月 17 日
苏黎世贾尔迪纳园林园艺展
www.giardina.ch

斯洛文尼亚
2019 年 3 月 15 日—3 月 17 日
植物、园艺、花艺、景观建筑展
www.ce-sejem.si

乌克兰
2019 年 4 月 16 日—4 月 18 日
2018 年乌克兰花展，基辅
www.flowerexpo-ukraine.com

澳大利亚
2019 年 3 月 27 日—3 月 31 日
墨尔本花展
www.melbflowershow.com.au

美国
2019 年 3 月 20 日—3 月 22 日
达拉斯世界花卉园艺博览会
www.worldfloralexpo.com

2019 年 3 月 20 日—3 月 24 日
旧金山花店花展，旧金山
www.sfgardenshow.com